AF453042

PATHOLOGIE COMPARÉE

LA QUESTION D'IDENTITÉ

DE NATURE DE LA MORVE ET DU FARCIN CHEZ LE CHEVAL ET CHEZ L'HOMME

PAR

G. CHÉNIER

Vétérinaire en 1er au 10e cuirassiers
Membre correspondant des Sociétés vétérinaires de l'Est
de Lyon et du Sud-Est
de la Société nationale et royale vétérinaire de Turin
de la Société vétérinaire de Liège
Lauréat
du ministère de la guerre
de la Société nationale d'agriculture
de la Société vétérinaire de la Marne, etc.

> L'étude comparative de la morve et du farcin chez l'homme et chez le cheval ne peut manquer d'être utile à la fois à la science vétérinaire et à la médecine humaine.
>
> A. TARDIEU

PARIS
IMPRIMERIE DE LA SOCIÉTÉ DE TYPOGRAPHIE
NOIZETTE DIRECTEUR.
8, RUE CAMPAGNE-PREMIÈRE, 8

1886

PATHOLOGIE COMPARÉE

LA QUESTION D'IDENTITÉ

DE NATURE DE LA MORVE ET DU FARCIN

CHEZ LE CHEVAL ET CHEZ L'HOMME (1)

> L'étude comparative de la morve et du farcin chez l'homme et chez le cheval ne peut manquer d'être utile à la fois à la science vétérinaire et à la médecine humaine.
>
> A. TARDIEU.

I

Il est peu de questions qui aient autant divisé les vétérinaires que celle de l'identité présumée des phénomènes morveux et farcineux.

Jusqu'à la fin du siècle dernier on s'était contenté de la vieille formule, attribuée à Solleysel : *le farcin est le cousin germain de la morve.* Mais au commencement de ce siècle cette formule ne parut plus suffisante et la question d'identité de la morve et du farcin fut nettement posée. C'est sur ce point que, pendant un demi-siècle, la discus-

1. Ce travail est rédigé depuis le mois de juin 1883. Bien qu'il se soit écoulé deux ans et demi depuis cette époque, l'auteur a cru devoir lui conserver son caractère. Il sera suivi, du reste, d'un autre travail ayant pour objet la réfutation des objections faites à la thèse de la dualité farcino-morveuse.

sion a porté. De part et d'autre on discuta avec une égale conviction. Et il faut bien reconnaître que les arguments produits par les partisans, comme par les adversaires de l'identité, paraissaient également probatifs.

Cependant la très grande majorité des vétérinaires s'était peu à peu ralliée à la doctrine de l'*unicisme*. A partir de Renault, les termes morve et farcin furent considérés, dans l'enseignement, comme ayant la même signification nosologique. La seule concession faite à l'opinion opposée, c'est qu'on continuait à décrire les deux états pathologiques dans des cadres séparés

Lorsque, en 1877-78, les circonstances nous fournirent l'occasion d'étudier cette question dans le champ de l'observation clinique, il nous parut nécessaire de la reprendre de plus haut ; c'est-à-dire de voir tout d'abord si les états pathologiques assez variés, réunis sous l'expression générique de *farcin* appartenaient bien à la même individualité pathologique. Or, l'examen des faits nous conduisit à cette conclusion, assez inattendue, que les processus « farcineux » appartiennent en réalité à deux entités différentes : la morve, pour les phénomènes décrits dans les ouvrages classiques sous les noms de *tumeur farcineuse*, *engorgement farcineux* et *chancre farcineux ;* une entité morbide spéciale, n'ayant avec la morve aucun lien de parenté, pour la *corde farcineuse* et le *farcin en cul de poule.*

En définitive, et faisant abstraction pour le moment des phénomènes morveux de la peau, nous formulâmes les propositions suivantes :

1° Il existe dans le cadre de la nosologie vétérinaire une maladie spécifique, particulière au système vasculaire lymphatique ;

2° Cette maladie se traduit objectivement par l'engorgement des vaisseaux blancs et la formation d'abcès sur leur trajet ;

3° Elle se transmet par virus fixe ;

4° Elle n'est pas autre chose que ce qui a été décrit dans les ouvrages classiques sous les noms de cordes farcineuses et de farcin en cul de poule (1) ;

5° Elle n'a aucun rapport de nature avec les lymphangites symptomatiques, vaccinale, gourmeuse et morveuse.

Voici maintenant les caractères qui distinguent cette entité — à laquelle nous avons donné le nom de *lymphangite farcineuse* (2) — des manifestations morveuses de la peau.

1. Il y a quelques années, il a été beaucoup question de cette maladie sous le nom de *farcin d'Afrique*.

2. L'expression d'*angioleucite* ou de *lymphangite farcineuse*, appliquée à la désignation de l'inflammation spécifique, idiopathique, des vaisseaux blancs a été critiquée. Du moment, a-t-on dit, que cette maladie n'est pas de nature morveuse, *ce n'est pas du farcin !*

On ne raisonnerait pas autrement si on venait dire à MM. Arloing, Cornevin et Thomas : Du moment que le charbon symptomatique n'est pas de même nature que le sang-de-rate, ce n'est pas du charbon ?

Dans la question, il s'agit de savoir si l'expression de farcin, — ou toute autre qui en dérive — convient mieux ou moins bien à la désignation du farcin des lymphatiques qu'à celle des phénomènes morveux de la peau. Or, le mot de farcin vient de *farcire* qui veut dire *farcir* : pour Végèce et les hippiatres de son époque, le cheval farcineux était celui qui était *farci d'apostumes*.

Il n'est donc pas douteux que le mot de farcin a été créé pour désigner l'inflammation spécifique idiopathique des vaisseaux blancs. On sait effectivement que lorsque la maladie est abandonnée à elle-même, le nombre des abcès devient si considérable que les régions malades en sont comme farcies. (M. Delamotte dit en avoir compté plus de quatre cents sur le même animal.)

Et d'ailleurs où est la nécessité de conserver la dénomination de farcin pour désigner les phénomènes morveux de la peau ? Est-il dans les usages de la médecine d'avoir plusieurs termes pour spécifier les différentes manifestations d'une même maladie ? Est-ce que les manifestations si multi-

a. Différence de forme nosologique. La morve sous toutes ses formes et dans tous ses modes d'expression est une maladie générale. Elle affecte l'économie tout entière.

La lymphangite farcineuse est localisée dans un système organique.

b. Différence de siège anatomique. Les phénomènes morveux évoluent dans le système tégumentaire externe et interne (peau, muqueuse des cavités nasales, de la trachée, etc.)

La lymphangite farcineuse évolue dans le système lymphatique (1).

ples de la syphilis ont reçu d'autres qualifications que celles de *syphilitiques?*

Ainsi, non seulement le mot de farcin convient — jusqu'à ce qu'on en ait trouvé un plus scientifique — pour désigner la lymphangite suppurative ; mais encore on peut très facilement s'en passer pour désigner les phénomènes morveux qui ont leur siège à la peau.

Et si à cette expression nous avons préféré celle de lymphangite farcineuse, c'est d'abord parce que celle-ci rappelle le siège anatomique de la maladie, et ensuite parce que la tradition est si puissante que pendant longtemps la première sera, par certains esprits, considérée comme synonyme de morve.

Quand aux phénomènes morveux de la peau, nous proposons de les désigner par des expressions qui rappellent la diathèse à laquelle ils appartiennent. On aurait ainsi la *tumeur morveuse*, la *morve cutanée éruptive*, l'*orchite morveuse*, comme on a déjà l'arthrite morveuse et la glande de morve.

1. A la vérité il existe parfois dans la morve des lésions des vaisseaux blancs. Mais il s'agit ici de simples traînées lymphatiques comme on en observe dans la gourme et dans le horse-pox, et non de véritables cordes farcineuses.

La différence est surtout marquée dans le tissu des ganglions. Ceux de ces organes qui ont reçu du pus morveux s'engorgent, mais ils ne suppurent pas, ou très rarement. Tandis que ceux qui sont traversés par un courant farcineux suppurent toujours.

Sous le rapport de l'évolution purulente, on peut dire que la lymphangite farcineuse est à la morve ce que le chancre mou est à la syphilis constitutionnelle.

— Dans la morve on a souvent pris pour des cordes farcineuses les inflammations veineuses.

c. Différence dans le mode d'évolution. Le nodule morveux du derme, cutané ou muqueux, s'élimine par nécrobiose. Dès que son intérieur s'est caséifié, la pellicule dermique qui recouvre la matière caséeuse se détache par sphacèle, soit en un seul morceau, soit en lambeaux déchiquetés, mais toujours dans toute son étendue. La plaie consécutive est à bords indurés et taillés à pic.

L'abcès de la lymphangite farcineuse s'ouvre par son centre, comme un abcès ordinaire. Ses bords ne se détachent pas régulièrement ; le plus souvent ils se renversent et bourgeonnent. C'est à cette particularité que cette variété de farcin doit le nom de *farcin en cul de poule.*

d. Différence dans la disposition des phénomènes éruptifs. Qu'ils siègent à la peau ou sur la pituitaire, les nodules morveux n'affectent aucune disposition spéciale. Sur le même animal on peut en rencontrer dans des régions du corps très éloignées les unes des autres, sans qu'il y ait aucun rapport entre leur lieu d'élection et l'endroit par où le virus a pénétré dans l'organisme.

Les abcès de la lymphangite farcineuse apparaissent au point de pénétration du virus dans l'organisme. Tout d'abord ils sont limités à cette région ; ce n'est qu'à la longue qu'ils envahissent les régions voisines, et en tout cas jamais en sautant par-dessus une région saine. Ces abcès sont disposés en *grains de chapelet* sur le trajet des vaisseaux lymphatiques malades.

e. Différence de léthalité. Chez le cheval, la morve est réputée incurable. On réussit bien parfois à faire disparaître les symptômes extérieurs. Mais tôt ou tard le vice constitutionnel se traduit par de nouvelles manifestations.

La guérison définitive de la lymphangite farcineuse peut

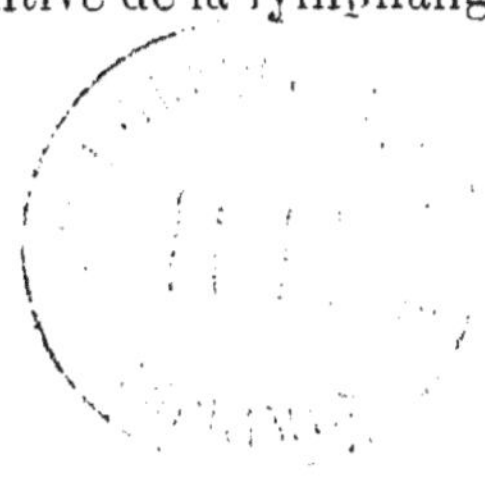

être obtenue par un traitement méthodique (extirpation des cordes, cautérisation profonde des abcès, applications de topique Terrat, etc.). On cite même des cas de guérison spontanée.

f. Différence dans l'état général des malades. La diathèse morveuse trouble généralement les grandes fonctions et compromet la nutrition. Souvent même, dans cette maladie l'amaigrissement et les modifications qui surviennent dans l'état général des malades sont les premiers phénomènes qui attirent l'attention du praticien.

La lymphangite farcineuse, à moins qu'elle ne soit très étendue, ne donne pas lieu à des troubles généraux. Les malades conservent pendant très longtemps leur embonpoint, et leur état général ne semble nullement impressionné.

g. Différence dans les caractères physiques des sécrétions. Le pus des lésions morveuses de la peau est filant et huileux.

Le pus des abcès de la lymphangite farcineuse est épais, crémeux et bien lié, tout au moins au moment de l'ouverture des abcès.

h. Différence dans la réceptivité des espèces. Le bœuf est réfractaire à l'infection morveuse.

D'après les observations publiées par plusieurs vétérinaires, notamment par Mallet, répétiteur à l'école d'Alfort, l'organisme de cet animal serait, comme celui du cheval, apte à contracter le farcin des vaisseaux lymphatiques.

II

Lorsqu'un praticien se trouve en présence d'un état pathologique qu'il croit devoir rapporter à la diathèse morveuse, sa conduite à l'égard du malade se ressent nécessairement de l'idée qu'il se fait de l'incurabilité de la maladie. Aussi Tardieu, en parlant des faits de cet ordre, a-t-il pu dire qu'il n'en connaissait « qu'un bien petit nombre où l'on ait institué et suivi un véritable traitement (1) ».

Qu'en médecine humaine la lymphangite farcineuse vienne à être nettement séparée des phénomènes morveux de la peau, il n'est pas douteux qu'elle sera traitée avec plus de confiance et partant avec plus d'énergie et plus de suite, par cela même qu'on la sait curable chez le cheval et que rien ne fait supposer qu'il en soit autrement chez l'homme.

Cette séparation offre donc un très grand intérêt. Malheureusement elle est difficile dans l'état actuel de la science. Ce n'est pas que les documents fassent défaut. Les annales de la médecine humaine en renferment, au contraire, un nombre assez respectable. Mais la plupart des faits sont relatés si sommairement ; il existe de si importantes lacunes dans l'énoncé des commémoratifs, dans la description des symptômes et des altérations trouvées

1. A. Tardieu. — De la morve et du farcin chroniques chez l'homme et chez les solipèdes. (Thèse de Paris, 1843.)

après la mort, que le classement de ces faits présente de sérieuses difficultés.

D'un autre côté il serait imprudent de prendre trop à la lettre les données existantes. Si l'on tient compte que dans la morve « les veines superficielles s'oblitèrent au point de figurer de véritables cordes farcineuses » (Tardieu) et que, à la simple inspection clinique, le diagnostic différentiel des affections qui ont leur siège dans le système lymphatique présente des difficultés particulières à cause du petit calibre des vaisseaux appartenant à ce système (1), il faut nécessairement faire la part des erreurs qui ont pu être commises sur ce point.

Aussi, parmi les nombreux faits de farcin qui ont été rapportés par des médecins, n'en trouvons-nous que deux où l'idée de morve semble pouvoir être écartée. Ces faits ont été recueillis par Lorin et sont consignés dans le mémoire de Rayer. Les voici :

Premier fait. —Heinburger, vétérinaire au premier carabiniers, fut atteint, vers les premiers jours du mois de juin 1811, d'une inflammation considérable aux doigts des deux mains, suite d'une piqûre qu'il s'était faite en opérant un cheval *farcineux* dudit régiment. Quatre jours après la piqûre, parurent deux petites tumeurs dures, blanchâtres, à la face plantaire du pouce de la main gauche, deux autres à l'annulaire et à l'auriculaire de la même main, une autre enfin au doigt du milieu de la main droite. Ces tumeurs étaient accompagnées d'un gonflement qui s'étendait depuis la main jusqu'au creux de l'aisselle, principalement du côté gauche, et formait comme une espèce de corde, comme sur les chevaux au commencement du développement du farcin ; il y avait de plus insomnie, douleur lancinante et pulsative.

1. D'après M. Brouardel, chez l'homme l'angéioleucite farcineuse présenterait à son début exactement les caractères de toutes les lymphangites. (*Dictionnaire encyclopédique des sciences médicales*. Art. MORVE.)

Assuré par mes recherches — c'est toujours Lorin qui parle — que cet état ne reconnaissait d'autre cause que le virus farcinique, et ayant employé en vain les calmants et les émollients, j'opérai le malade de suite. Sa main placée sur une table, fixée et soutenue par mon collègue Mornac, aussi surpris que moi d'un genre de maladie semblable, j'incisai sur chaque bouton de farcin, que je mis à découvert avec un bistouri ; ensuite muni d'une pince à disséquer d'une main et de ciseaux droits de l'autre, je disséquai et enlevai totalement la substance farcinique, qui n'avait pas eu le temps de faire plus de progrès. Plusieurs de ces petites masses de matière de nature lardacée avaient déjà acquis le volume d'une fève.

Toutes ces petites plaies furent lavées et nettoyées avec soin ; j'en couvris le fond avec de petits plumasseaux imbibés d'essence de térébenthine, seul moyen employé pendant le reste du traitement, qui ne dura que quinze jours. Le pansement fut des plus simples. Le lendemain de cette petite (!) opération, cessation entière de tous les symptômes de l'inflammation ; disparition totale de ce que j'ai nommé une corde ; en un mot deux ou trois jours après, cet artiste put retourner à ses travaux ordinaires.

Tout semble indiquer que dans cette observation il s'agissait bien d'une angioleucite farcineuse analogue à celle du cheval : mêmes symptômes, même terminaison heureuse de la maladie, etc. Il est vrai qu'il n'est pas fait mention de la variété de farcin dont était atteint l'animal infectant. Mais selon toute probabilité il s'agissait d'un cheval atteint de *farcin de lymphatiques* (lymphangite farcineuse), car c'est cette forme seule de farcin *que l'on opère*.

Déjà Rayer semble avoir hésité à rattacher ce fait à la diathèse morveuse. « La maladie décrite dans l'observation suivante, dit-il, appartient évidemment au farcin par sa cause, par ses symptômes et ses lésions anatomiques ; elle a incontestablement la plus grande analogie avec le farcin du cheval ; mais elle diffère des cas de farcin aigu observés chez l'homme et rapportés plus haut, par l'absence de l'éruption morveuse. *Si on ne tenait compte de la cause,il serait impossible de distinguer ce cas de plusieurs autres indépendants de la morve,* des piqûres anatomiques des médecins et des chirurgiens, par exemple (1). »

Que Rayer ait eu des doutes sur la nature du farcin dont était atteint l'animal infectant, il n'eût certainement pas hésité à classer ce fait dans un cadre autre que celui de la morve.

Deuxième fait. — Un carabinier du même régiment qu'Heinburger, dans ce moment élève à l'école d'Alfort, piqué aux doigts à peu près dans le même temps, en opérant aussi un cheval farcineux, gagna cette maladie qui fut moins intense. Opéré de la même manière que le précédent et traité de même, il guérit très promptement.

Il n'est guère possible d'interpréter cette observation autrement que par analogie avec la première ; mais, malgré l'insuffisance des renseignements, il semble probable qu'il s'agissait encore d'une affection indépendante de la morve.

Disons maintenant que l'idée de séparer l'angéioleucite farcineuse de la morve et d'en faire une entité à part n'est pas absolument nouvelle en médecine humaine. Les premiers jalons de cette séparation ont été posés, il y a plus de quarante ans, par Rayer et par Tardieu.

Voici d'abord quelques points d'interrogation posés par Rayer. « Pour les cas d'inoculation farcineuse sans éruption, le pronostic est beaucoup moins grave. Ces cas qui

1. Rayer, *De la morve et du farcin chez l'homme*. In Mém. de l'Acad. de méd., t. VI, 1837.

ne diffèrent réellement des piqûres anatomiques ordinaires que par la fréquence des abcès consécutifs, sont-ils réellement des formes bénignes du farcin? Sont-ils de vrais farcins produits par une matière farcineuse altérée ou modifiée? Ou doivent-ils être considérés comme des cas tout à fait semblables aux piqûres anatomiques ou chirurgicales avec introduction d'un poison morbide quelconque? Aujourd'hui ces questions ne peuvent être résolues d'une manière logique, d'une manière satisfaisante. L'inoculation du pus provenant des abcès à un cheval ou à un âne eût pu seule conduire à une solution complète. Ce qui est positif, c'est que les angéioleucites circonscrites et les abcès multiples et successifs ont été plus fréquemment observés chez les vétérinaires que chez les médecins à la suite des piqûres anatomiques; ce qui est également certain, c'est que cette forme de farcin (si c'en est une comme je le crois) est beaucoup moins grave que le farcin éruptif (1). »

Tardieu est beaucoup plus explicite. « Ces preuves que je pourrais multiplier, dit-il, suffisent à établir l'affinité étroite qui lie le farcin à la morve par la spécificité d'un virus identique. Mais faut-il conclure de là à l'identité des deux états morbides comme l'ont fait plus ou moins explicitement tous les auteurs que je viens de citer? »

Ici l'expression est dubitative. Mais plus loin Tardieu semble davantage incliner vers l'idée d'une variété spéciale de farcin, indépendante de la morve. « On doit désigner sous ce nom (angéioleucite farcineuse) une inflammation des vaisseaux lymphatiques et des ganglions

1. Rayer, loc. cit.

produite par l'inoculation directe de la matière farcineuse et caractérisée par des accidents locaux limités au membre inoculé et par des symptômes généraux moins graves que ceux du farcin.

« Ce n'est pas sur la considération d'étiologie, sur la manière dont la contagion s'est opérée, que nous nous fondons pour établir cette variété, mais c'est sur la différence profonde qu'offrent dans leurs symptômes, leur marche et dans leur terminaison, les faits particuliers que nous réunissons dans ce groupe. Ces raisons qui, en nosologie, sont beaucoup plus importantes que toutes les différences de cause, doivent justifier la distinction que je propose.....

« La guérison est la terminaison la plus commune, et c'est là une circonstance bien propre à différencier l'angéioleucite farcineuse du farcin. On ne l'a pas encore vue amener la mort... Il est inutile d'ajouter qu'on doit bien distinguer cette angéioleucite farcineuse idiopathique, *constituant à elle seule toute la maladie*, de l'angéioleucite soit primitive, soit secondaire, qui apparaît soit au début, soit dans le cours du farcin chronique.

« C'est surtout pour les faits qui constituent la variété que je crois utile d'établir sous le nom d'angéioleucite farcineuse, *que l'on peut conserver des doutes sur la nature de la maladie* et l'attribuer à l'inoculation d'une matière septique non spécifique (1). »

Enfin, dans son *Traité d'hygiène*, Tardieu s'exprime ainsi : « On doit considérer comme variétés de farcin l'angéioleucite farcineuse chronique et l'ulcère farcineux. Dans la première toute la maladie consiste en un engor-

1. Tardieu, loc. cit.

gement lent des ganglions lymphatiques accompagné de quelques-uns des symptômes généraux du farcin et se terminant généralement par le retour à la santé. Dans la seconde un ulcère très rebelle,accompagné de symptômes généraux graves et d'une véritable cachexie, constitue une espèce particulière de l'affection morveuse. »

Evidemment Tardieu n'est pas allé jusqu'à séparer complètement la lymphangite farcineuse de la morve. Mais il semble que l'idée de cette séparation ait été dans sa pensée. Et s'il ne l'a pas formulée en termes plus affirmatifs, c'est vraisemblablement parce qu'il a subi l'influence de l'opinion régnante en médecine vétérinaire; opinion qui était alors contraire à la doctrine de la dualité farcineuse.

En tout cas l'idée qui se dégage nettement des vues exposées par Tardieu, dans la question, est celle-ci : *dans l'angéioleucite farcineuse idiopathique les phénomènes locaux constituent toute la maladie.*

En résumé, si les documents historiques ne permettent pas d'affirmer, sans réserves, l'existence en nosologie humaine, d'une espèce de farcin indépendante de la morve, ils établissent tout au moins une forte présomption. Il appartient aux médecins qui auront l'occasion d'observer l'angéioleucite farcineuse de Tardieu de trancher définitivement la question.

Nous avons l'espoir que le parallèle que nous avons établi entre la lymphangite farcineuse du cheval et les phénomènes morveux de la peau, au point de vue de leurs caractères les plus essentiels, facilitera leur tâche. Et c'est cette pensée qui nous a décidé à leur apporter le modeste tribut des observations qu'il nous a été donné de faire dans le domaine de la médecine vétérinaire.

PRINCIPAUX TRAVAUX SCIENTIFIQUES

DE L'AUTEUR

2e Série

18. La lymphangite farcineuse considérée comme entité morbide (1881).

19. Considération sur l'étiologie et la nature de la fluxion périodique (1882).

20. Contribution à l'étude des phénomènes de la virulence (1882).

POUR PARAITRE PROCHAINEMENT

Réponse aux objections faites à la doctrine de la dualité farcineuse.

Contribution à l'étude des actes locomoteurs.

Imp. de la Soc. de Typ. - Noizette, 8, r. Campagne-Première, Paris.

www.ingramcontent.com/pod-product-compliance
Lightning Source LLC
LaVergne TN
LVHW012158170726
843503LV00009B/4247

9782329485799